GRAND ALBUM

SCIENCES

expériences

Cet album appartient à :

Nom : ______________________

Prénom : ______________________

Adresse : ______________________

Ville : ______________ Code postal : ______________

ISBN 978-2-84259-648-4
Conception : Henri Medori
Illustration de couverture : Jala
Illustrations intérieures : Christine Ponchon
Dépôt légal : 3e trimestre 2012

L'univers, c'est d'abord de la matière. Partout où notre regard se tourne – que ce soit vers les galaxies et les étoiles proches ou lointaines ou plus simplement autour de nous – il rencontre de la matière.
Cette matière se présente sous plusieurs états (ou phases) dont les plus connus sont l'état **solide**, l'état **liquide** et l'état **gazeux**.

La matière est constituée de molécules, elles-mêmes composées d'atomes.

Une molécule, composée de trois atomes.

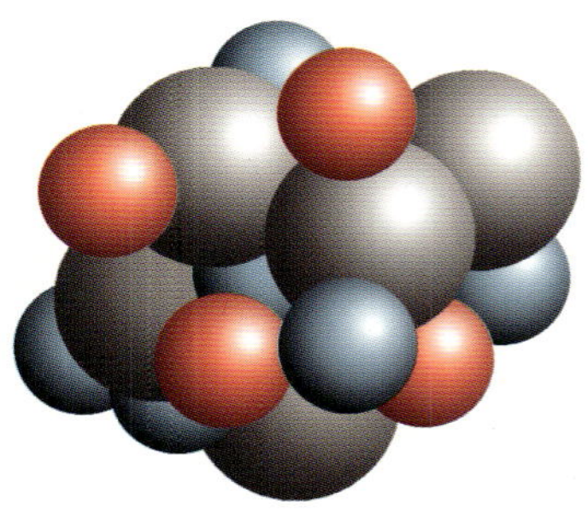

Dans la **matière solide**, les molécules sont liées et restent à la même place.
Un solide ne se déforme pas sans une intervention extérieure.

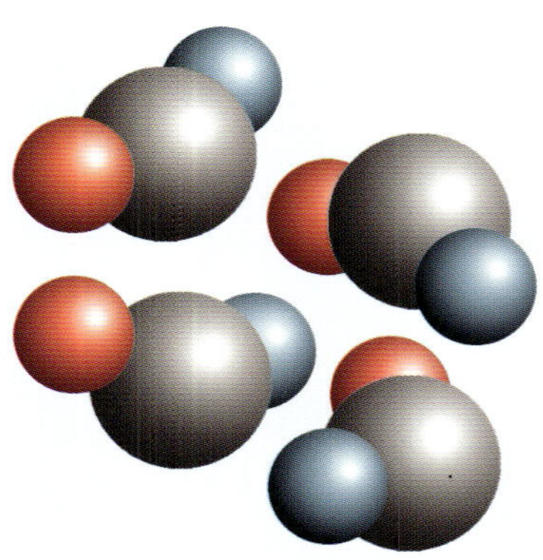

Dans la **matière liquide**, les molécules sont moins liées que dans la matière solide, ce qui leur permet de bouger les unes par rapport aux autres.
Un liquide peut donc se déformer facilement.

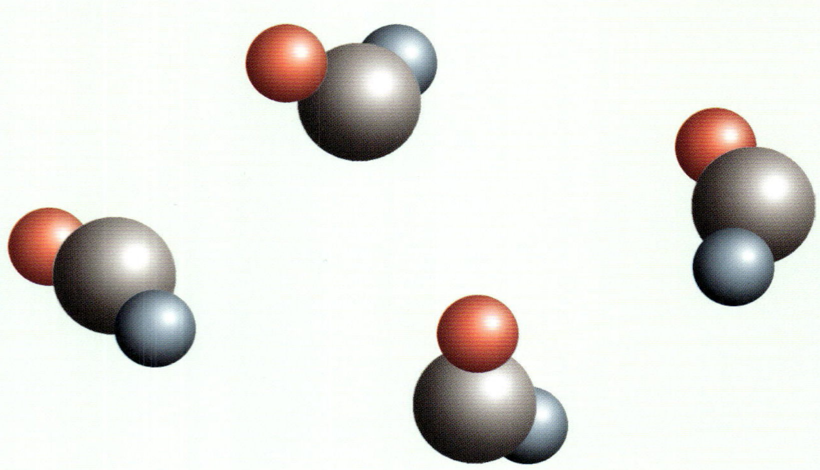

Dans la **matière gazeuse**, les molécules sont presque indépendantes, ce qui explique qu'un gaz se répande et occupe toute la place disponible.

Différentes expériences à réaliser vous-même vous permettront de comprendre ce qu'est la matière solide, liquide ou gazeuse.

ATTENTION ! Toutes ces expériences doivent être réalisées en présence et sous le contrôle d'un adulte.

LA MATIÈRE SOLIDE

Comme son nom l'indique, la ***matière solide*** est… solide, ferme et, en principe, elle ne change pas de forme toute seule.

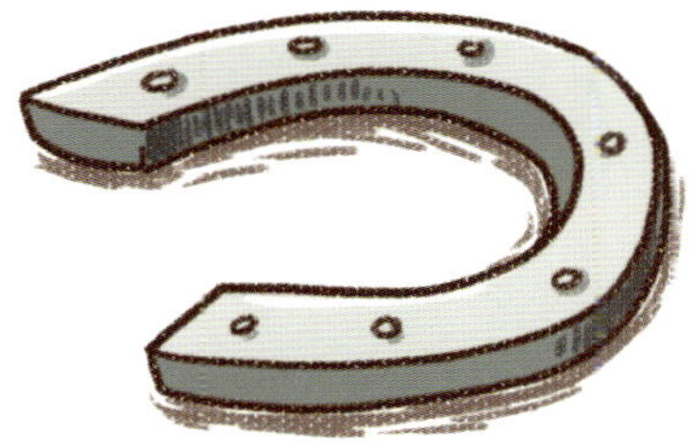

*Un **caillou** ou un morceau de **bois** mort sont des formes solides « fabriquées » par la nature. Un **fer à cheval** ou une **bouteille** sont l'œuvre des hommes.*

Ainsi, quand on a donné une forme à un corps solide, il la garde… à moins qu'une force extérieure ne vienne la modifier, la transformer.

Brûlée en partie pendant un feu de forêt, la branche a changé de forme.

La gouge et le ciseau à bois du sculpteur vont la transformer en œuvre d'art.

*Chauffé par la forge du maréchal-ferrant, l'**acier** devient malléable et peut changer de forme.*

En se fracassant au sol, la bouteille n'a pas seulement changé de forme, elle est devenue autre chose : un monceau de débris de verre.

LA MATIÈRE SOLIDE

Il y a plusieurs types de « solides » :

- les ***solides durs***,
- les ***solides mous***,
- les ***solides friables***,
- les ***solides fragiles***.

solides durs

*Le **bois** se casse.*

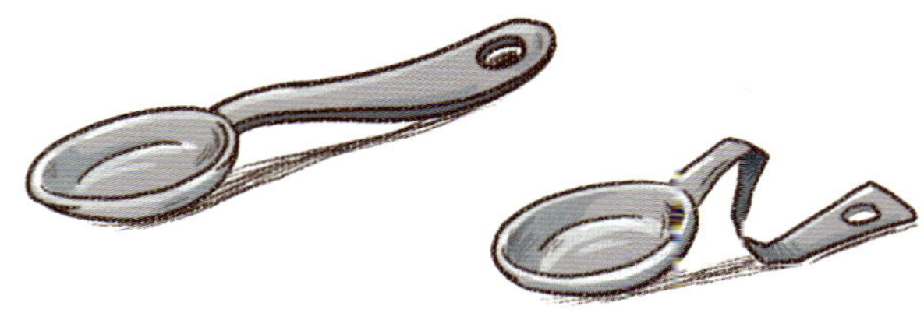

*Le **métal** se tord.*

solides mous

*Le **caoutchouc** s'allonge et se déforme facilement. Mais si on tire trop fort dessus, un élastique peut finir par… casser.*

*La **pâte à modeler** : un matériau qui prend la forme que l'on souhaite.*

solides friables

*Le **savon**, la **craie**, la **terre non cuite** sont des matériaux friables.*

solides fragiles

*Comme la plupart des matériaux très durs, le **verre** et la **poterie** sont aussi… très fragiles.*

Si la plupart des matériaux solides sont opaques, certains laissent passer la lumière. C'est notamment le cas du verre et de certaines matières plastiques.

EXPÉRIMENTER

Prends un morceau de métal – par exemple une petite cuillère – et tords-le à plusieurs reprises. L'endroit de la pliure s'échauffe et finalement… le métal va casser.

Tous les ***matériaux solides*** ne sont pas constitués de la même manière. Ceux qu'on trouve dans la nature sont soit des ***végétaux***, soit des ***minéraux***, soit… des ***animaux***.

Le **bois** est un matériau vivant qui grandit, qui évolue, qui se transforme.

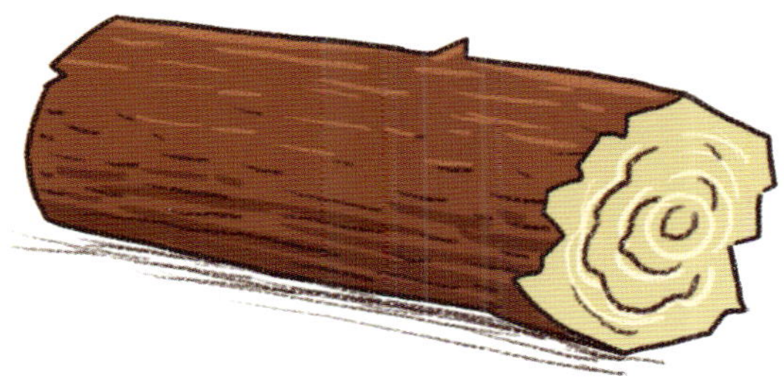

Le bois est constitué de fibres dans lesquelles coule la sève.

La **roche** est un minéral inerte qui peut se transformer sous l'action de l'érosion (pluie, gel, vent…).

*Ce galet est un morceau de granite poli par l'eau. Le **granite** est le résultat du refroidissement très lent et en profondeur du magma terrestre. Il est constitué de cristaux.*

*Le **basalte** est une roche volcanique obtenue par refroidissement rapide et à l'air libre de la lave.*

*Le **calcaire** est une roche sédimentaire formée par l'accumulation, au fond des mers, de coquillages et de squelettes de petits animaux marins.*

Un **os**, une **corne**, une **carapace** ont appartenu à un être vivant. Rendus à l'état d'« objets » inertes, ils disparaîtront avec le temps.

*La **chair**, partie « molle » d'un animal, disparaît rapidement, consommée par des prédateurs ou des micro-organismes. Les parties « dures » (**os**, **cornes**, **dents**, **carapaces**…) disparaîtront plus lentement.*

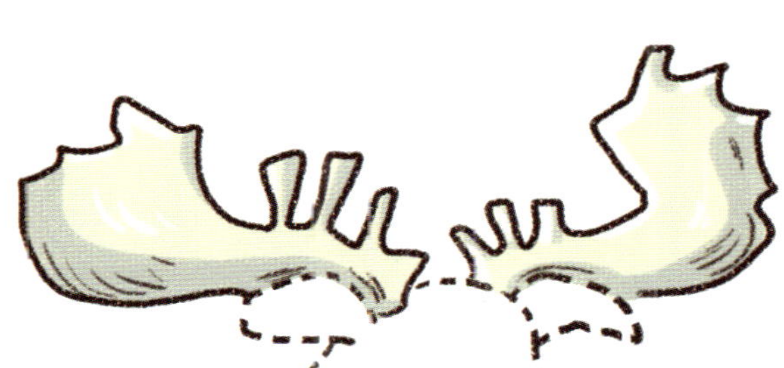

LA MATIÈRE SOLIDE

Il y a plusieurs techniques pour transformer un objet « solide ». On peut l'écraser, le plier, le tordre, le découper… Mais on peut aussi le ***chauffer***, le ***refroidir*** ou le ***mélanger*** à un autre produit qui changera sa composition.

En chauffant, le métal se dilate.

Dans cette expérience, une fois chauffé, il ne pourra plus passer à travers le trou de la rondelle.

Acier trempé

*Chauffé à blanc (autour de 1 000 °C) puis trempé dans de l'eau ou de l'huile, l'**acier** devient plus résistant.*

De nombreux matériaux fondent sous l'effet de la chaleur. Une fois liquides, on peut les mettre dans un moule dont ils garderont la forme en refroidissant.
*Certains reviendront à leur état d'origine comme le **plomb** ou la **paraffine**, d'autres, comme le **beurre**, donneront un produit différent.*

EXPÉRIMENTER

Dans une vieille casserole, fais fondre une bougie, puis verse la paraffine liquide dans un moule, une coquille d'œuf par exemple. N'oublie pas de mettre un morceau de ficelle enduit de paraffine qui servira de mèche. Laisse refroidir, puis démoule. Tu viens de réaliser une bougie à la forme originale.

On peut utiliser d'autres moules ou des paraffines colorées.

*La **paraffine** à bougie fond vers 50-60 °C.*

Chauffée à 900 °C, l'**argile** devient plus résistante. On utilise cette méthode pour fabriquer des **briques**, des **tuiles**, des **poteries**…

Le verre chauffé se courbe et s'étire.

En ajoutant de l'**oxyde de plomb** à du **verre**, on obtient un nouveau matériau, pur et éclatant : le **cristal**.

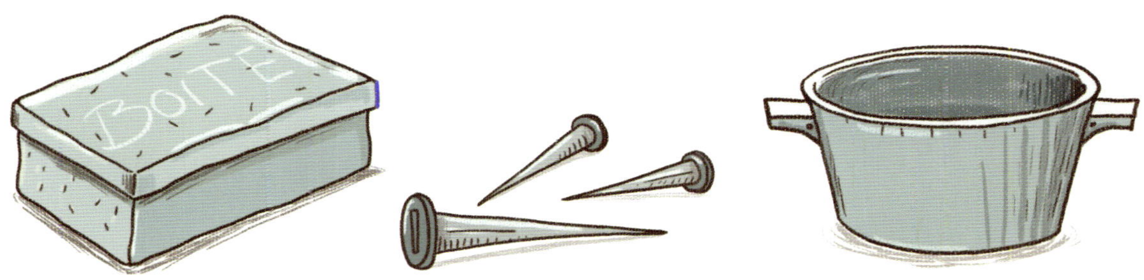

Le **fer pur** est un métal « mou ». En lui ajoutant un peu de **carbone** (moins de 2 %) quand il est en fusion, il se transforme en **acier**, qui peut être jusqu'à 1 000 fois plus dur. Si on lui ajoute plus de 2 % de carbone, il devient… de la **fonte**.

Le contact entre le **calcaire** et un liquide acide (**vinaigre**, **citron**) crée une réaction chimique qui dissout le calcaire et dégage du **gaz carbonique** (CO_2).

Le **plâtre** (sulfate de calcium) se présente sous forme de poudre blanche.
Additionné d'eau, il forme une pâte qui durcit rapidement.
Même à nouveau réduit en poudre, le plâtre solidifié ne reviendra jamais à son état initial.

Le **cuivre** est un métal utilisé notamment dans la fabrication des câbles électriques.
En le mélangeant à d'autres métaux, on obtient :

- avec du **zinc** : du **laiton**,
- avec de l'**étain** : du **bronze**.

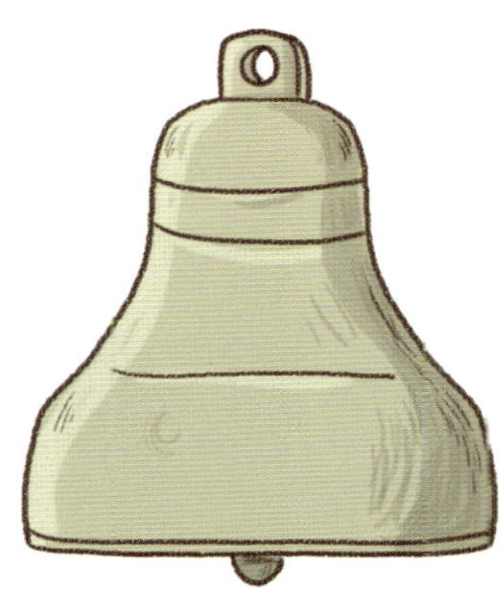

LA MATIÈRE LIQUIDE

Les ***liquides*** sont composés de molécules qui bougent et glissent les unes sur les autres. C'est pour cette raison qu'un liquide ne conserve pas une forme constante mais s'adapte au récipient dans lequel on le met. Il garde cependant le même volume.

Quel que soit le récipient, le liquide s'adapte à sa forme.

*Certains liquides sont produits par les végétaux (**sève**...), d'autres par les animaux (**sang**, **urine**, **sueur**, **lait**, **venin**, **encre** des poulpes...).*

Goutte de sang.

*Seuls quelques liquides naturels ne contiennent pas – ou peu – d'eau (**pétrole**, **huile**, **résine**, **miel**...).*

Le miel contient moins de 20 % d'eau.

Ce qui caractérise un liquide, c'est sa viscosité, sa fluidité.
Un liquide est donc plus ou moins... liquide.
*Il peut être transparent (**eau**), translucide (**huile**, **miel**...), opaque (**encre**, **lait**...).*

Eau.

Lait.

EXPÉRIMENTER

Farine, œufs, beurre, sucre, lait... sont les principaux ingrédients pour fabriquer une pâte à gâteaux. Plus on ajoutera de lait, plus elle sera fluide. Et si on veut pouvoir l'écraser et la rouler pour en faire un fond de tarte, on augmentera la dose de farine.

Claire et transparente quand elle tombe du ciel ou jaillit en source, mélangée de terre ou de déchets végétaux quand elle coule en rivière ou stagne dans un étang, chargée de sel dans les océans, l'***eau*** est le liquide le plus abondant sur Terre. Un liquide indispensable à la vie.

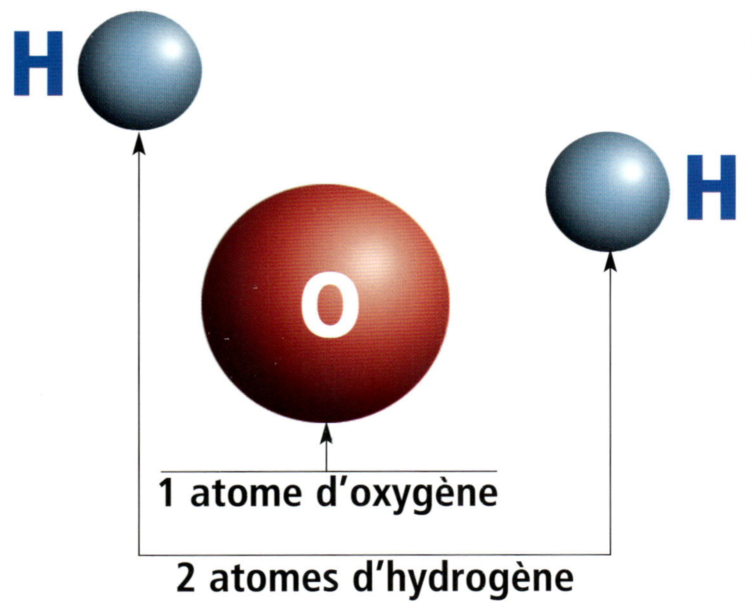

*La molécule d'eau est composée de **trois atomes**: un d'**oxygène** (O) et deux d'**hydrogène** (H).*

la formule chimique de l'eau (pure) :

H_2O

L'eau « pure » n'est pas présente dans la nature. Elle est mélangée à d'autres éléments (sels minéraux, impuretés, etc.).

L'eau possède la propriété de pouvoir dissoudre certaines substances solides (sucre, sel…) ou gazeuses (gaz carbonique…).

*Quand elle est chargée en **gaz carbonique**, l'eau peut dissoudre le **calcaire**.*

*À 20 °C, l'eau peut dissoudre deux fois son poids en sucre sans problème. Mais au-delà, elle ne peut plus en absorber. Elle est **saturée**.*

*Si on chauffe l'eau, son niveau de **saturation** augmente. Elle peut ainsi dissoudre une plus grande quantité de sucre. Portée à ébullition, l'eau peut dissoudre presque cinq fois son poids de sucre.*

LA MATIÈRE LIQUIDE

Dans la nature, l'eau se présente essentiellement sous trois formes :

- ***liquide**** : entre 0 °C et 100 °C,
- ***solide**** : en dessous de 0 °C, l'eau gèle et se transforme en glace ou en neige,
- ***gazeuse**** : à partir de 100 °C, l'eau bout et se change en vapeur d'eau.

À partir de 100 °C, l'eau « bout », c'est-à-dire qu'elle se transforme en vapeur d'eau, presque invisible.

En s'élevant, l'air chaud se refroidit. La vapeur d'eau qu'il contient se condense et forme des gouttelettes. Un nuage est en train de naître.

La glace flotte sur l'eau.

En gelant, l'eau augmente de volume, ce qui peut déformer le récipient dans lequel on l'a mise, voire le briser.

On dit parfois que l'eau gèle à 0 °C. En réalité, cette température correspond au « dégel » de l'eau, c'est-à-dire à la fonte de la glace. Pour que l'eau gèle, il faut que la température soit inférieure à 0 °C.

* *À pression atmosphérique normale (bord de mer). En altitude, la pression atmosphérique diminue et ces valeurs changent (au sommet du mont Blanc, l'eau bout vers 85 °C).*

D'autres liquides changent d'état quand on les chauffe. Après refroidissement, certains retrouveront leur état premier, d'autres deviendront un produit différent de celui d'origine.

Les liquides sont difficilement compressibles

L'*œuf* ***cru*** *est composé de « blanc » et de « jaune », tous deux liquides. À la cuisson (dans un plat, dans l'eau bouillante ou mélangés en omelette), les deux composants deviennent solides.*

On trouve parfois du miel « figé », qui ne coule pas. Il suffit de le chauffer au bain-marie pour qu'il devienne fluide et plus facile à tartiner.

Le ***pétrole*** *est une « roche liquide » issue de la décomposition de matières organiques (végétaux) au fond des mers.*
Quand on le chauffe (raffinage), il se « sépare » en plusieurs produits : fioul, gazole, essence, gaz propane…

EXPÉRIMENTER

Comment fabriquer de l'eau pure* ?

Fais chauffer de l'eau jusqu'à ébullition. Quand l'eau commence à s'évaporer (vapeur d'eau), place une assiette froide inclinée au-dessus de la casserole. L'eau se condense et coule dans un verre. C'est ce qu'on appelle de l'**eau distillée**. Si l'eau est salée, le sel restera dans la casserole après que l'eau sera entièrement évaporée.

** Pure ou presque, car quelques impuretés peuvent toujours être présentes dans le verre.*

LA MATIÈRE GAZEUSE

Les ***gaz*** sont composés de molécules très libres et peu liées entre elles. À l'état gazeux, la matière tend à occuper tout le volume dont elle peut disposer. C'est pour cela qu'un gaz se répand dans l'air et finit même par se diluer.

Enfermé dans des tubes de verre, une bouteille ou une bombe aérosol, le gaz ne s'échappe pas.

Contrairement à la matière solide ou à la matière liquide, les gaz sont facilement compressibles.

En bouchant le trou de sortie de la pompe, l'air à l'intérieur se comprime quand on actionne le piston.

Quand on relâche le piston, l'air se détend et le manche de la pompe revient à sa position initiale.

EXPÉRIMENTER

Dans un bac d'eau, plonge une bouteille « vide » (en fait, elle est pleine d'air). Si le goulot regarde vers le haut, l'air s'échappe en bulles et la bouteille se remplit d'eau.
Place au-dessus de la première bouteille une autre, pleine d'eau. L'air qui s'échappe de la première chassera l'eau de la seconde en la « vidant » (plutôt en la remplissant d'air).

Si un gaz se présente naturellement à l'état… gazeux, on peut le transformer pour qu'il devienne liquide et même… solide. Ce nouvel état de la matière gazeuse s'obtient en compressant plus ou moins ce gaz.

Certaines voitures utilisent du ***GPL*** *(gaz de pétrole liquéfié) comme carburant. Ce GPL est composé de* ***propane*** *refroidi à – 42,1 °C.*

Pour résister à la forte pression du gaz compressé, un récipient avec d'épaisses parois métalliques est nécessaire.

Pour obtenir la ***liquéfaction*** d'un gaz, il faut le refroidir à des températures extrêmement basses. Cette liquéfaction permet de réduire son volume pour le transporter et le stocker plus facilement. En se réchauffant, un gaz liquide redevient gazeux. C'est ce qu'on appelle la ***vaporisation***.

Si on continue de refroidir un gaz liquide, il finit par devenir… solide.

Températures* de	liquéfaction	solidification
• oxygène :	– 183 °C	– 219 °C
• azote :	– 196 °C	– 210 °C
• hydrogène :	– 253 °C	– 259 °C
• hélium :	– 269 °C	

** Arrondies.*

Le gaz « domestique » s'enflamme facilement, mais on peut le contrôler avec un simple bouton.

Certains gaz peuvent brûler, ce qui dégage de la chaleur. C'est le cas des gaz domestiques, qui permettent ainsi de faire cuire les aliments.

LA MATIÈRE GAZEUSE

Indispensable à la vie – tout comme l'eau – l'***air*** est un gaz particulier, puisqu'il est, en fait, un mélange de plusieurs gaz, dont les deux principaux sont l'***azote*** et l'***oxygène***.

Diamètre de la Terre : 12 700 km.

Plus on prend de l'altitude, plus l'air se raréfie. Ainsi, au sommet de l'Everest (8 848 m), il est presque impossible de respirer.

Épaisseur de l'atmosphère : 100 à 120 km.

Composition de l'air

- azote : 78 %
- **oxygène : 21 %**
- argon : 0,9 %
- oxyde de carbone : 0,04 %
- autres gaz (hélium, néon, krypton, xénon) : 0,06 % environ

L'***oxygène*** est un gaz que l'on trouve un peu partout sur Terre :

- dans l'atmosphère,
- dans l'eau (voir p. 9),
- dans la croûte terrestre,
- dans le corps humain.

Dioxygène

*L'oxygène que l'on respire est en fait du **dioxygène** (molécule de deux atomes d'oxygène – formule chimique O_2). Il est incolore, inodore et insipide.*

*Quand ils respirent, les animaux et les humains consomment de l'oxygène et rejettent du **gaz carbonique**.*

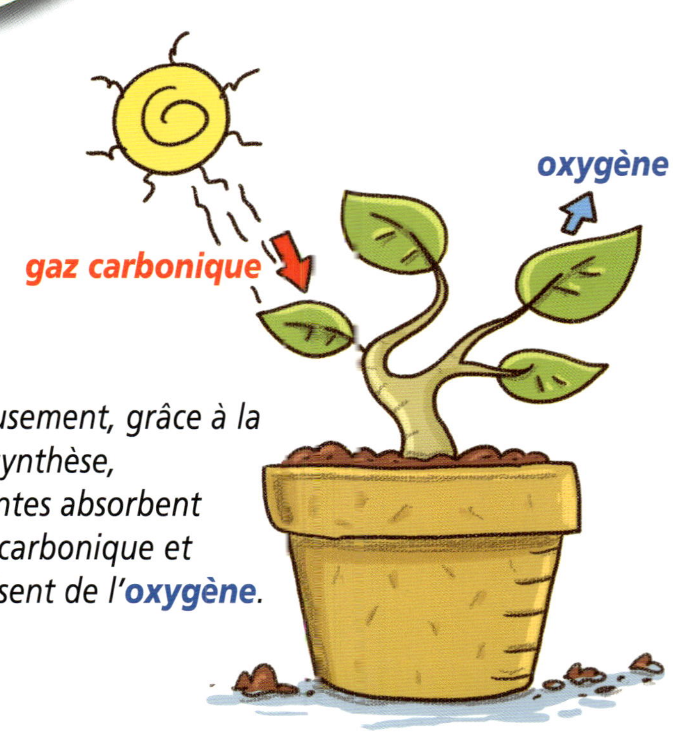

*Heureusement, grâce à la photosynthèse, les plantes absorbent le gaz carbonique et produisent de l'**oxygène**.*

À la surface de la Terre, l'air n'est pas immobile. Il se déplace constamment, entraînant avec lui gouttelettes d'eau (la pluie), poussières mais aussi feuilles et, parfois, éléments plus importants. C'est le **vent**, une source d'énergie inépuisable.

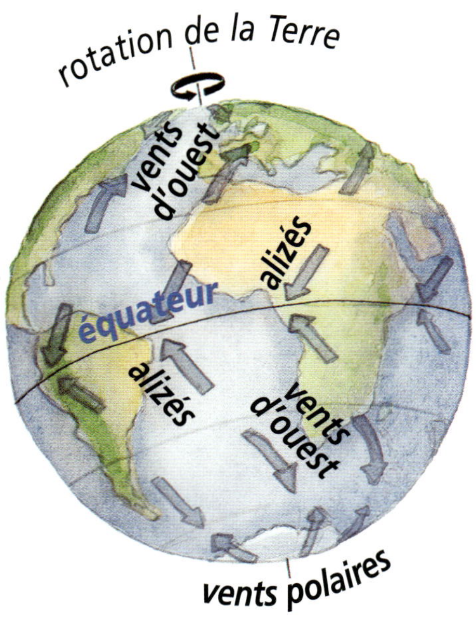

À l'échelle de la planète, il existe une circulation générale où l'on voit l'air chaud équatorial aller vers les pôles en « poussant » l'air froid vers l'équateur. C'est ce qu'on appelle les ***vents dominants****. Grâce à ces déplacements d'air, les zones chaudes sont rafraîchies, les zones froides réchauffées.*

L'air chaud est plus « léger » que l'air froid. En chauffant l'air de sa montgolfière, l'aérostier lui permet de s'élever.

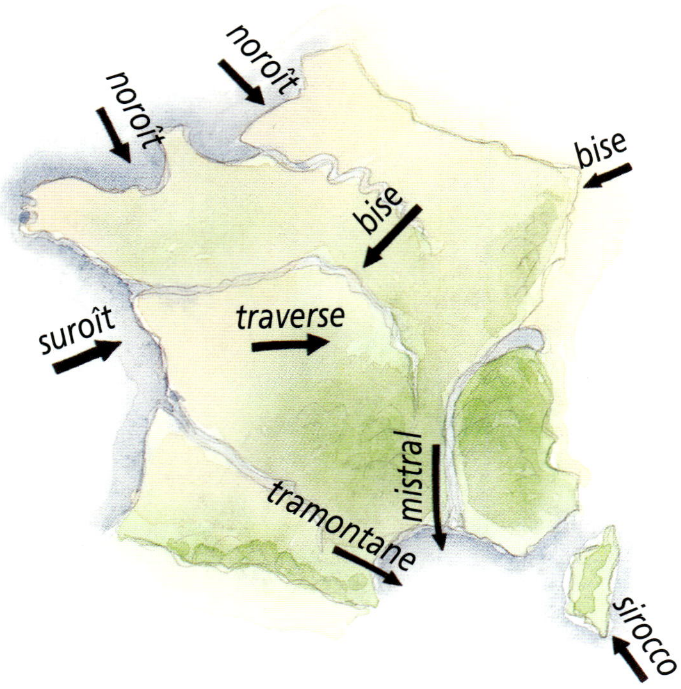

En France, le vent dominant vient de l'ouest. Ce vent océanique, en provenance de l'Atlantique, est tiède l'hiver, frais l'été.

Mais on trouve de nombreux vents régionaux, aux noms bien connus : tramontane, mistral, bise, etc.

ENVIRONNEMENT

L'**effet de serre** est un phénomène naturel et bénéfique. S'il n'y avait pas d'atmosphère autour de notre planète, le rayonnement solaire, après avoir touché le sol, serait réexpédié vers l'espace et le froid régnerait en maître. Or, les gaz présents dans l'atmosphère piègent les rayons infrarouges, ce qui réchauffe l'atmosphère et permet ainsi à la vie telle que nous la connaissons d'exister.

Si, comme on le suppose, ces « gaz à effet de serre » – principalement la vapeur d'eau et le gaz carbonique (CO_2) – augmentent fortement et rapidement à cause de l'activité humaine dans les années qui viennent, on peut craindre un réchauffement climatique qui pourrait avoir des conséquences importantes sur le développement de la vie, dont peut-être la disparition de nombreuses espèces animales.

LA DENSITÉ

La ***densité*** d'un matériau est une valeur, obtenue en comparant ce matériau à l'eau, qui sert dans ce cas de référence.

La densité de l'eau est égale à 1
(eau à 4 °C et à pression atmosphérique normale)

La plupart des bois ont une densité inférieure à 1. Ils flottent.
L'acier a une densité supérieure à 1. Il coule.

Densité de quelques matériaux	
• or	19,3
• plomb	11,3
• acier	7,8
• aluminium	2,7
• granite – marbre	2,6 – 2,7
• verre	2,5
• béton	2,4
• sable	1,6
• lait	1,03
• **EAU**	**1**
• glace	0,92
• pierre ponce	0,9
• huile d'olive	0,9
• essence	0,75

De densité inférieure à celle de l'eau, la glace flotte.

Alors que le métal a une densité bien supérieure à celle de l'eau, un bateau ne coule pas. C'est en raison de la forme creuse de sa coque. Si elle était plate, le bateau sombrerait rapidement. De même si l'eau pénètre à l'intérieur.

EXPÉRIMENTER

Mets un peu de sirop dans de l'eau.
Plus lourd (plus dense) à cause du sucre qu'il contient, il va « couler » au fond du verre.
Mais comme les liquides à base d'eau se mélangent facilement, quelques coups de cuillère permettront d'obtenir une mixture homogène.
Essaie maintenant avec de l'huile.
Moins dense que l'eau, elle restera en surface.

L'huile et l'eau ne se mélangent pas.